章鱼
能爬上
高楼吗？

[英]卡米拉·德·拉·贝杜瓦耶 / 著

[英]阿列克谢·彼特斯科夫 / 绘　　曹雪春 / 译

长江出版传媒 ｜ 长江少年儿童出版社

章鱼是一种软体动物，他们长着**8**条手臂。

鼻涕虫和蜗牛是章鱼的表亲。

图书在版编目(CIP)数据

章鱼能爬上高楼吗？ /（英）贝杜瓦耶著；（英）彼特斯科夫绘；曹雪春译.
— 武汉：长江少年儿童出版社, 2016.6
（动物妙想国）
书名原文：Could An Octopus Climb A Skyscraper?
ISBN 978-7-5560-4184-8

Ⅰ.①章… Ⅱ.①贝…②彼…③曹… Ⅲ.①章鱼目—儿童读物
Ⅳ.①Q959.216-49

中国版本图书馆CIP数据核字(2016)第031799号
著作权合同登记号：图字17-2013-263

章鱼能爬上高楼吗？

［英］卡米拉·德·拉·贝杜瓦耶/著
［英］阿列克谢·彼特斯科夫/绘 曹雪春/译
责任编辑/傅一新 佟一 丁丛丛
装帧设计/叶乾乾 美术编辑/魏孜子
出版发行/长江少年儿童出版社 经销/全国新华书店
印刷/当纳利（广东）印务有限公司
开本/787×1092 1／12 2印张
版次/2023年6月第1版第34次印刷
书号/ISBN 978-7-5560-4184-8
定价/22.00元

策划/海豚传媒股份有限公司
网址/www.dolphinmedia.cn 邮箱/dolphinmedia@vip.163.com
阅读咨询热线/027-87391723 销售热线/027-87396822
海豚传媒常年法律顾问/上海市锦天城（武汉）律师事务所
张弨 林思贵 18607186981

章鱼住在大海里，外表看起来可能有点怪怪的，但是他们超级聪明！

想象一下，如果一只章鱼离开大海，出去探索外面的世界，她会玩得开心吗？

如果章鱼去买鞋子
会发生什么事呢？

她必须得挑

4双鞋子

才够穿。

她的8只手用起来就像**8只脚**一样，
可以在崎岖不平的海底行走。

有时候，如果章鱼
遇到了**危险**，
她会马上**丢掉一只手**。

随后她会**重新长出**一只新的，
新长出的小手就需要一只小一点的鞋子了！

如果章鱼去参加化装舞会，
会发生什么事呢？

章鱼才不需要专门
去买舞会服装。
她可以自由变换身体的
颜色和形状。

在海底，章鱼可以伪装成一条蛇，
一块石头，或者一条鱼。

在舞会上，她还能把自己扮成
一根 香蕉 或者是一个 沙滩球。

她还会自动消失呢！像这样，

把身体的颜色变得跟 **背景色** 一样，

是不是特别酷？！

章鱼会玩捉迷藏吗？

因为章鱼的身体里没有骨头，
非常柔软，所以她
可以轻松地躲进
很小很小的地方。

"1，2，3，4……"

章鱼在海里休息的时候，经常躲在石头底下或者其他狭小的空间里——所以她很可能正躲在沙发底下打瞌睡呢！

如果章鱼去看医生
会发生什么事呢？

那么医生
需要准备好

3个
听诊器，
因为每颗心脏都
需要一个听诊器！

章鱼长着3个心脏来给身体和手臂供血，你知道吗？
他们的血是蓝色的！

章鱼能爬上高楼吗？

章鱼可以爬上光溜溜的高楼，不需要借助墙壁上的支撑点。

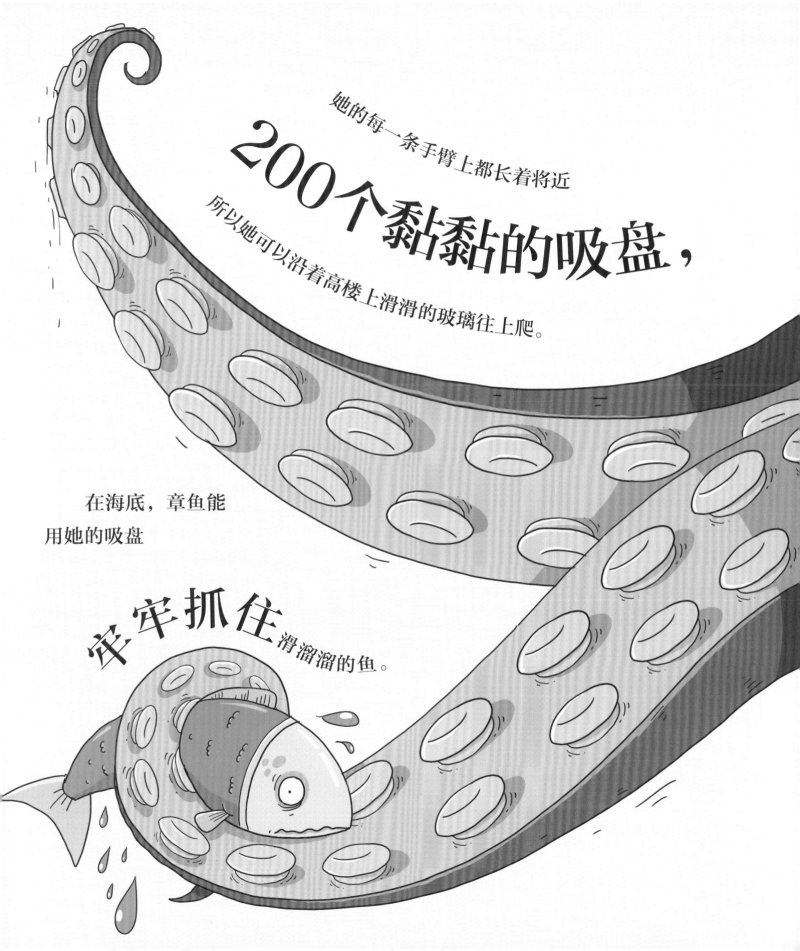

她的每一条手臂上都长着将近

200个黏黏的吸盘，

所以她可以沿着高楼上滑滑的玻璃往上爬。

在海底，章鱼能
用她的吸盘

牢牢抓住 滑溜溜的鱼。

章鱼会做饭吗?

她会用像鸟嘴一样的

尖嘴巴

撬开罐头,用

长长的手 拧开瓶盖。

在海底，章鱼用自己的尖嘴巴

在贝壳上**钻孔**，或者直接把贝壳撬开。

他们还能用手臂上的吸盘

直接品尝美味。

今晚菜单：
生鱼
生螃蟹
黏黏的蜗牛
贝类

如果章鱼玩纸牌会表现如何？

她很有可能会不停地赢！

章鱼的**大脑**又大又聪明，而且每只手臂里都长着一个"迷你脑"。

她可以用**8只手**同时拿纸牌！

章鱼会想什么办法赚零花钱呢?

她能喷出**强力水柱**把车洗干净,这样就可以赚到零花钱啦!

章鱼身体里长着像漏斗一样的体

水流通过体管喷出来。

看，水柱一下子喷出好几米远！

章鱼喜欢在沙堆里做什么？

她很可能会在沙堆里
挖一个洞，造一个窝。

然后用五颜六色的
贝壳装饰她的小窝。

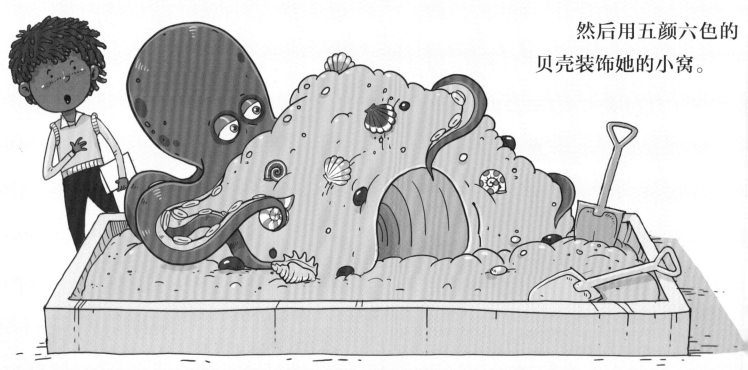

接下来她就会钻到里面去产卵！
一只章鱼一次可以产下将近20000颗小小的卵。

她会花4个月的时间照顾这些卵，直到孵化出可爱的小章鱼。

更多关于
章鱼的信息

章鱼正在指向她所生活的区域，
你能在地图上找到自己的家吗？

知识档案

章鱼到底有多大呢？有些章鱼比小朋友的手还要小，有的却比一辆轿车还大。我们书里这种常见的章鱼可以长到1米长。

章鱼长着8条手臂，如果丢掉了一条还可以长出一条新的来。

章鱼的身体里没有骨头，所以非常柔软，可以挤进很小的空间里。章鱼还能通过改变身体的颜色让自己"隐身"。

一只章鱼有3个心脏、1个大脑和8个小小的"迷你脑"。

章鱼特别喜欢吃甲壳类动物。他们用手臂上的吸盘来抓取食物。

北美洲

南美

太平洋

章鱼生活的区域

南极洲

来自海洋的问候！

明 信 片

我已经回到安全又舒服的小窝了，现在正细细品尝美味的螃蟹大餐。但是我不能放松警惕，因为我要时刻小心附近那条游来游去的大鲨鱼！我刚才伪装成一只香蕉去耍他，可是他好像并没有觉得很好玩。

爱你哟！
章鱼

中国

XX省　XX市XX路XXX

XXX小朋友　　收

邮政编码：XXXXXX

234876356920323873